AMÉRICAS – Político

AMÉRICA DO NORTE E AMÉRICA CENTRAL – Político

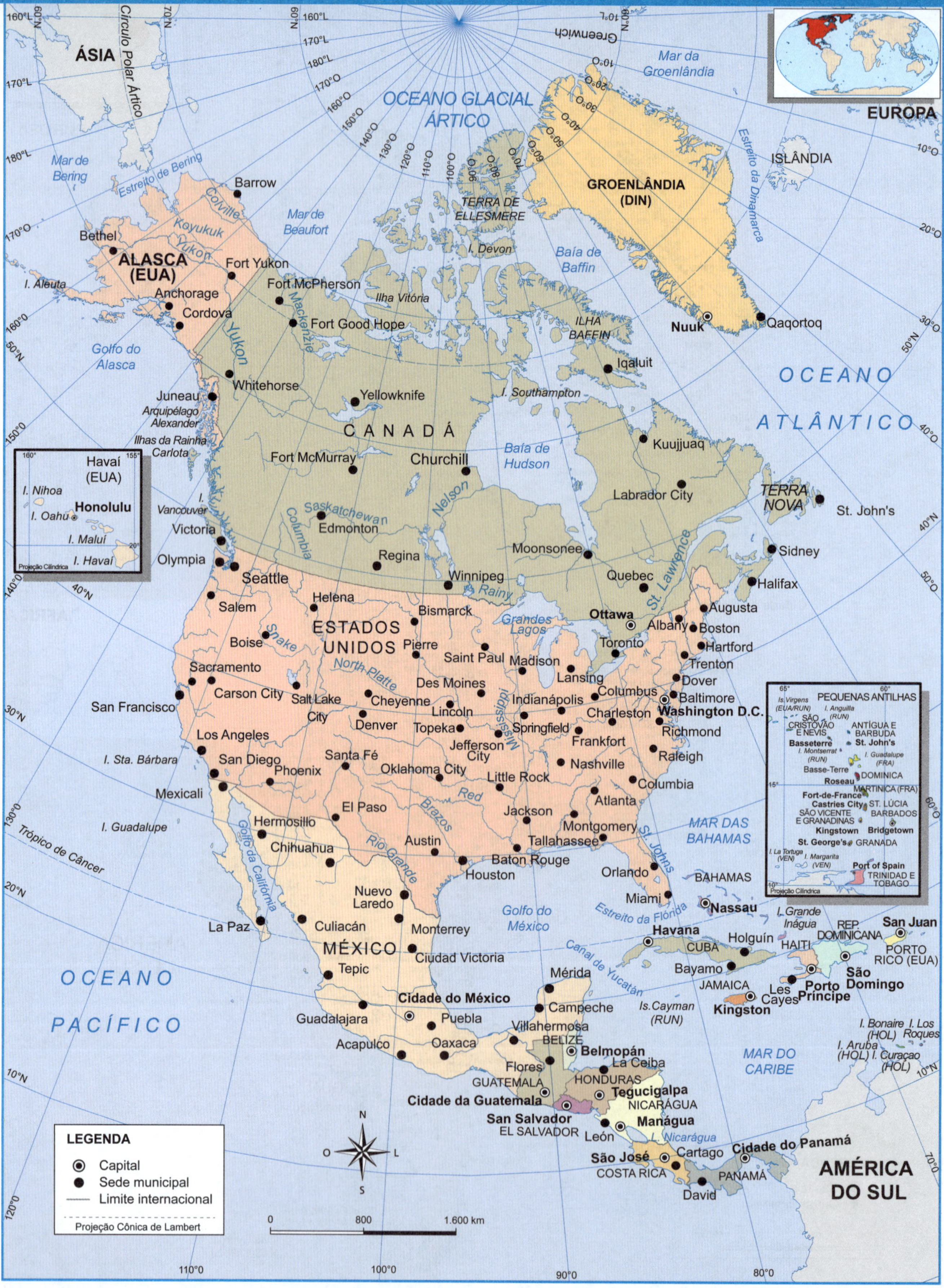

AMÉRICA DO NORTE E AMÉRICA CENTRAL – Físico

AMÉRICA DO SUL – Político

AMÉRICA DO SUL – Físico

EUROPA – Político

EUROPA – Físico

ÁSIA – Político

ÁSIA – Físico

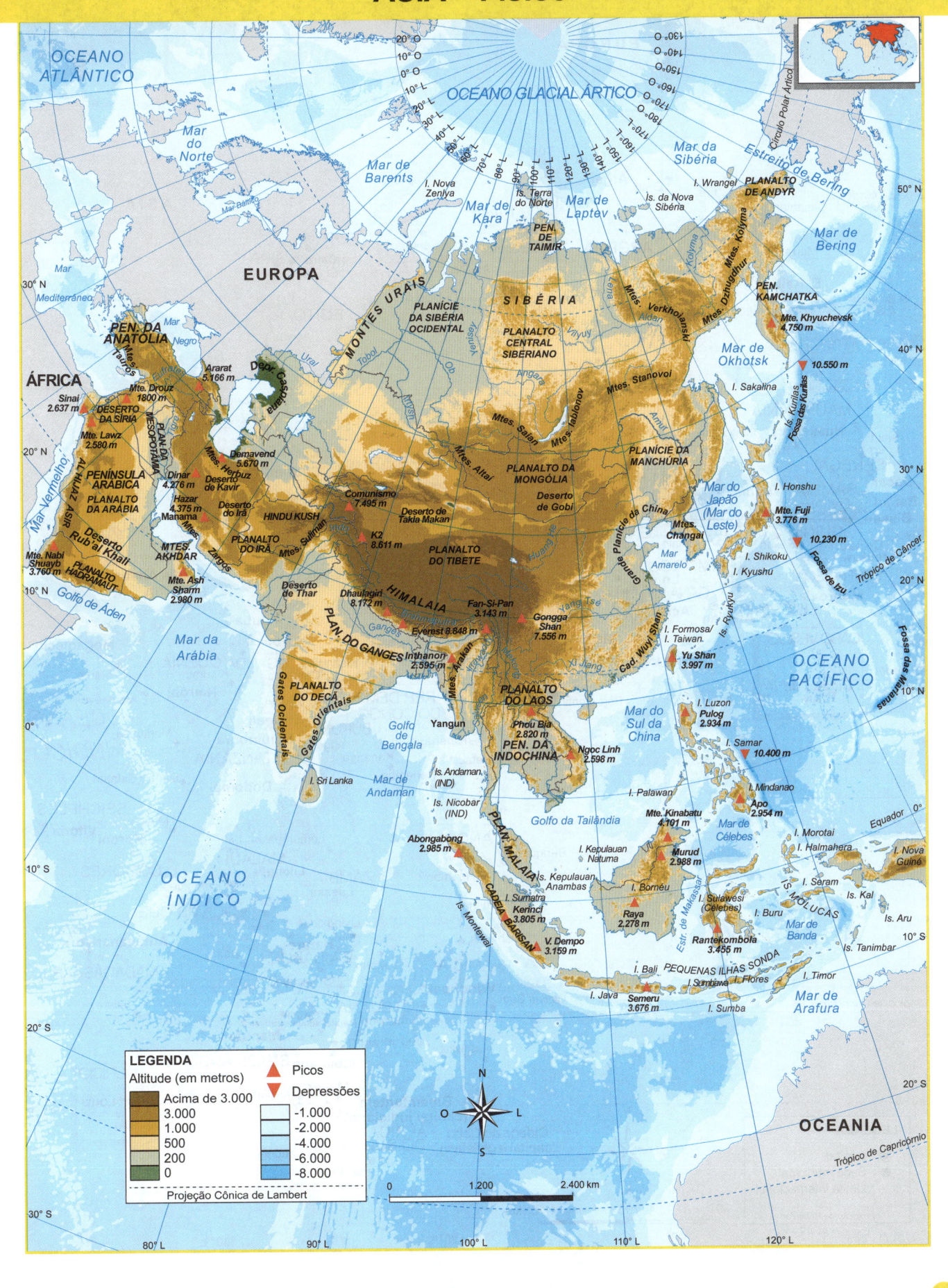

ÁFRICA – Político

ÁFRICA – Físico

OCEANIA – Político

OCEANIA – Físico

ANTÁRTICA – POLO SUL

Tropico de Capricórnio

OCEANO ATLÂNTICO

- I. de Tristão da Cunha
- I. Gough
- I. Bouvet
- Is. Príncipe Eduardo
- I. Crozet
- I. Possessão
- Is. Kerguelen (FRA)
- Is. McDonald

ÁFRICA

OCEANO GLACIAL ANTÁRTICO

- Is. Falkland ou Malvinas (Brit.)
- Is. Geórgia do Sul
- Is. Sandwich do Sul
- Is. Orcadas do Sul (RUN)
- Is. Shetland do Sul (RUN)
- Is. Rei George
- Arq. Palmer
- **PENÍNSULA ANTÁRTICA**
- Terra de Graham
- Terra de Palmer
- I. Alexander
- I. de Charcot
- I. Berkner
- I. Thurston
- I. Siple
- I. Roosevelt
- I. Bowman

Círculo Polar Antártico

Estr. de Drake

AMÉRICA DO SUL

Mar de Weddell
Mar de Bellingshausen
Mar de Amundsen
Mar de Ross
Mar de Davis
Mar de Mackenzie
Mar de Dumont d'Urville

BANQUISA LARSEN
BANQUISA EDITH RONNE
BANQUISA FILCHNER
BANQUISA DE ROSS
BANQUISA WEST
BANQUISA SHACKLETON
BANQUISA AMERY
GELEIRA LAMBERT

Terra da Rainha Maud
Terra de Rei Eduardo VII
Terra de Enderby
Terra de MacRobertson
Terra de Ellsworth
Terra da Rainha Mary
Terra de Marie Byrd
Terra de Rei Eduardo VII
Terra de Vitória
Terra de Wilkes
Terra de Adélie
Terra de George V

POLO SUL
Polo Sul Magnético

Is. Balleny

OCEANO PACÍFICO

OCEANO ÍNDICO

NOVA ZELÂNDIA

AUSTRÁLIA

LEGENDA
- ⋯⋯ Limite mínimo do gelo oceânico (verão)
- ─ ─ Limite máximo do gelo oceânico (inverno)

Projeção Azimutal Equidistante

0 — 1.000 — 2.000 km

POLO NORTE – Calota Polar Ártica

OCEANO PACÍFICO

PLANISFÉRIO – Político

OCEANO GLACIAL ÁRTICO

- Círculo Polar Ártico
- Alasca (EUA)
- GROENLÂNDIA
- JAN MA...
- ISLÂNDIA
- Golfo do Alasca
- Baía de Hudson
- CANADÁ
- Is. Aleuta
- IRLANDA
- ESTADOS UNIDOS
- I. da Madeira
- PORTUGAL
- Estreito de Gibraltar
- Trópico de Câncer
- MÉXICO
- Golfo do México
- BAHAMAS
- MARRO...
- Is. Canárias
- SAARA OCIDENTAL
- CUBA
- REPÚBLICA DOMINICANA
- JAMAICA HAITI
- PORTO RICO (EUA)
- Cabo Verde
- MAURITÂNIA
- Is. Havaí/Sandwich (EUA)
- OCEANO PACÍFICO
- BELIZE
- GUATEMALA HONDURAS
- EL SALVADOR NICARÁGUA
- Mar das Antilhas
- GÂMBIA
- SENEGAL
- GUINÉ-BISSAU GUINÉ
- SERRA LEOA
- LIBÉRIA
- COSTA RICA
- TRINIDAD E TOBAGO
- COSTA DO MARFIM
- Is. Kiribati
- PANAMÁ
- VENEZUELA
- SURINAME
- COLÔMBIA GUIANA
- GUIANA FRANCESA
- Arq. Fernando de Noronha
- GU... EQUAT...
- SÃ... E P...
- Equador
- Is. Galápagos
- EQUADOR
- Is. Samoa
- Polinésia Francesa (FRA)
- PERU
- BRASIL
- OCEANO ATLÂNTICO
- Is. Niue
- Is. Tonga
- Is. Cook
- BOLÍVIA
- Trópico de Capricórnio
- PARAGUAI
- CHILE
- URUGUAI
- ARGENTINA
- Is. Falkland/Is. Malvinas (RUN)
- Is. Geórgia do Sul (RUN)
- Is. Orcadas do Sul
- Círculo Polar Antártico

1 – EUROPA

- BÉLGICA, ALEMANHA, POLÔNIA
- LUXEMBURGO, REP. TCHECA, UCRÂNIA
- LIECHTENSTEIN, ESLOVÁQUIA
- FRANÇA, SUÍÇA, ÁUSTRIA, HUNGRIA, MOLDÁVIA
- ESLOVÊNIA, ROMÊNIA
- MÔNACO, CROÁCIA, SÉRVIA
- SAN MARINO, BÓSNIA-HERZEGÓVINA
- ANDORRA, ITÁLIA, MONTENEGRO, BULGÁRIA
- ESPANHA, VATICANO, MACEDÔNIA, TURQUIA (parte europeia)
- ALBÂNIA, GRÉCIA

PLANISFÉRIO – Político

PLANISFÉRIO – Climas

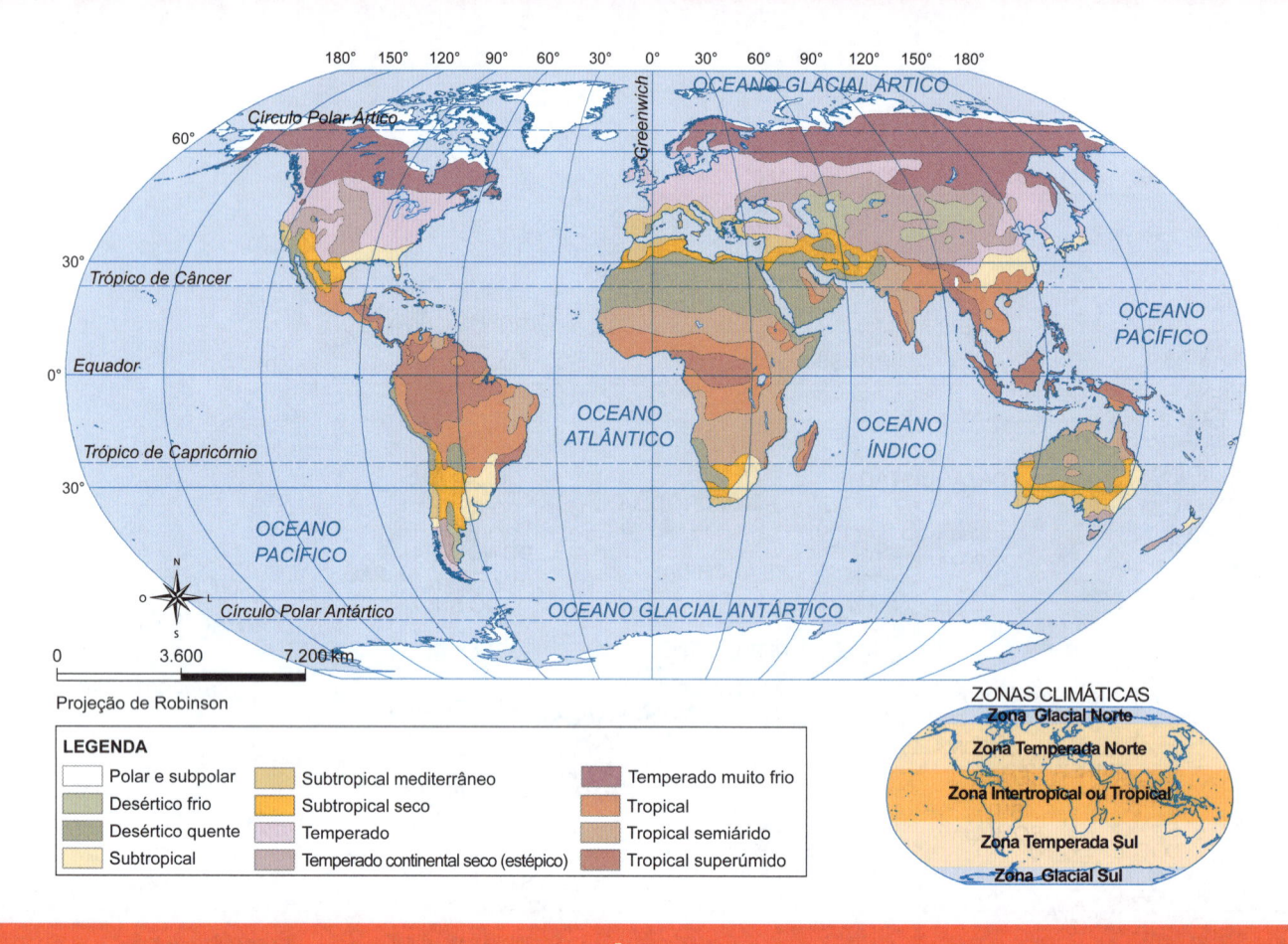

LEGENDA
- Polar e subpolar
- Desértico frio
- Desértico quente
- Subtropical
- Subtropical mediterrâneo
- Subtropical seco
- Temperado
- Temperado continental seco (estépico)
- Temperado muito frio
- Tropical
- Tropical semiárido
- Tropical superúmido

Projeção de Robinson

ZONAS CLIMÁTICAS
- Zona Glacial Norte
- Zona Temperada Norte
- Zona Intertropical ou Tropical
- Zona Temperada Sul
- Zona Glacial Sul

PLANISFÉRIO – Físico

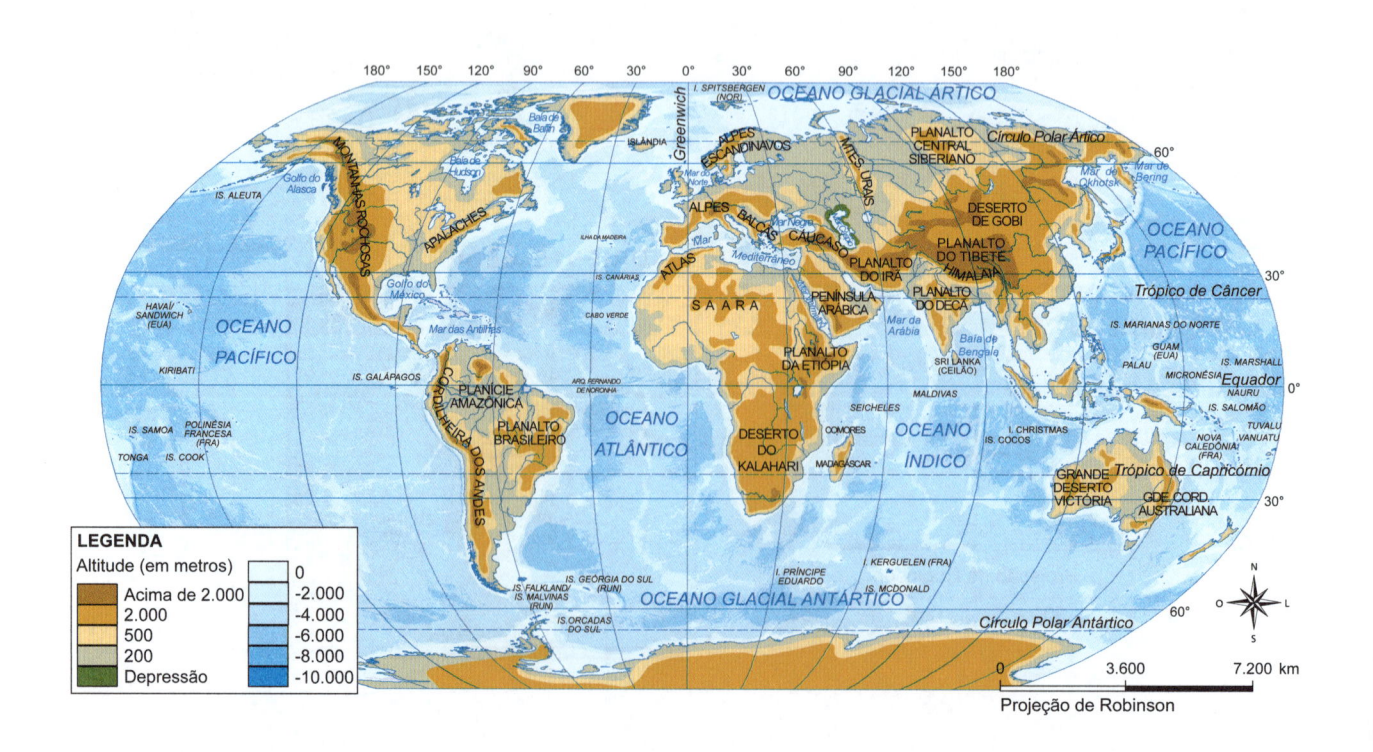

LEGENDA

Altitude (em metros)
- Acima de 2.000
- 2.000
- 500
- 200
- Depressão
- 0
- -2.000
- -4.000
- -6.000
- -8.000
- -10.000

Projeção de Robinson

PLANISFÉRIO – Vegetação

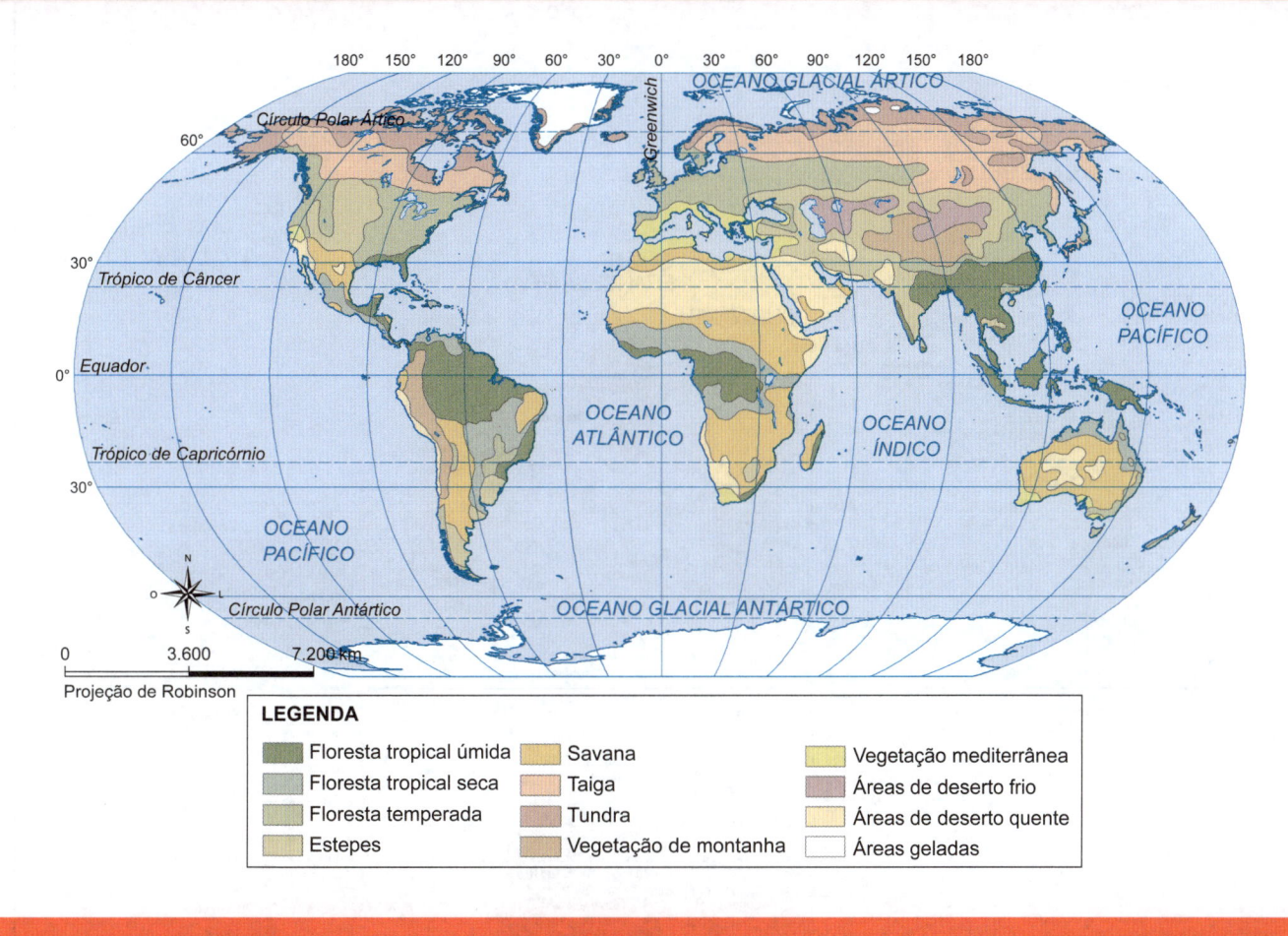

LEGENDA
- Floresta tropical úmida
- Floresta tropical seca
- Floresta temperada
- Estepes
- Savana
- Taiga
- Tundra
- Vegetação de montanha
- Vegetação mediterrânea
- Áreas de deserto frio
- Áreas de deserto quente
- Áreas geladas

Projeção de Robinson

PLANISFÉRIO – Correntes Marítimas

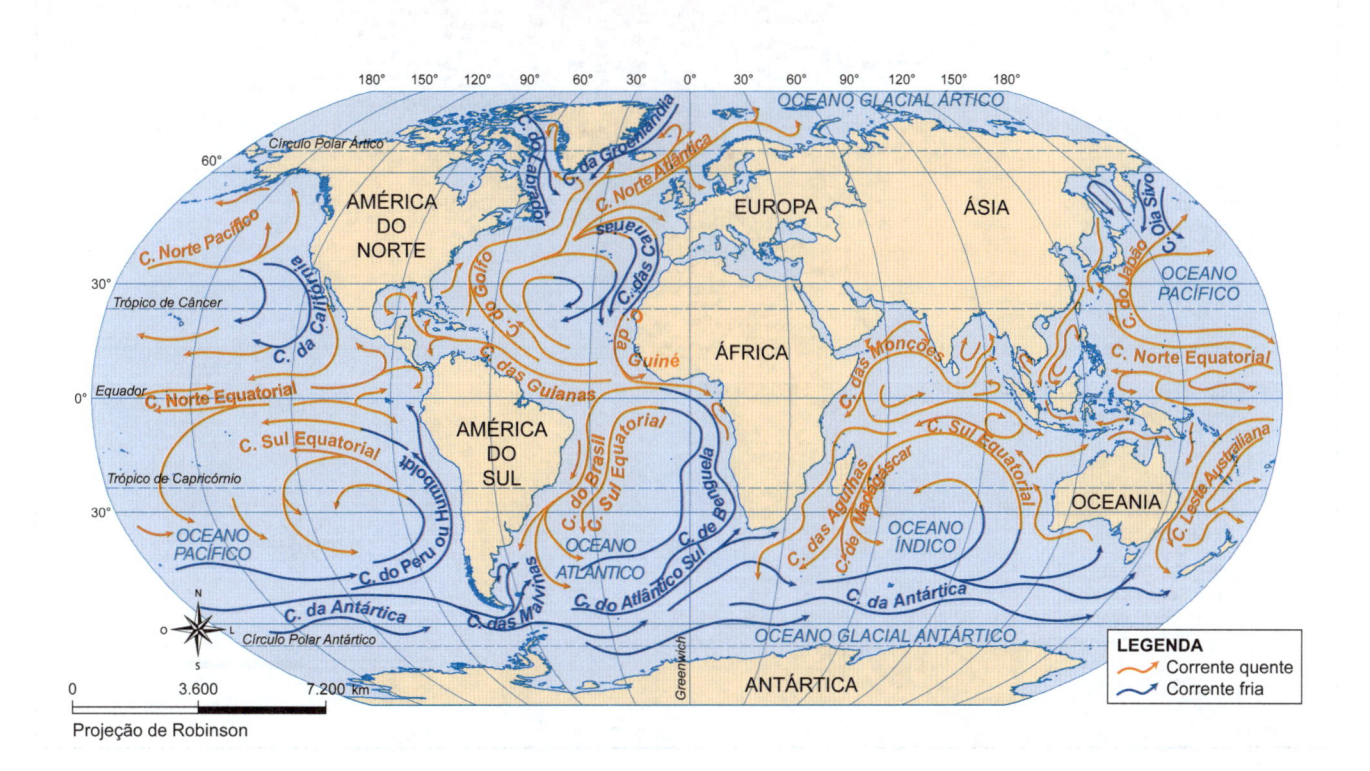

LEGENDA
- Corrente quente
- Corrente fria

Projeção de Robinson

BRASIL – Político

BRASIL – Físico

BRASIL – Bacias Hidrográficas

LEGENDA
Região Hidrográfica
- Amazônica
- Tocantins-Araguaia
- Atlântico Nordeste Ocidental
- Parnaíba
- Atlântico Nordeste Oriental
- São Francisco
- Atlântico Leste
- Atlântico Sudeste
- Paraná
- Paraguai
- Uruguai
- Atlântico Sul

BRASIL – Vegetação Atual

LEGENDA
- Cerrado
- Caatinga
- Vegetação com influências marinha, fluviomarinha e fluvial
- Floresta de Araucária
- Floresta Tropical Pluvial
- Floresta Ombrófila Aberta
- Floresta Estacional Decidual
- Floresta Estacional Semidecidual
- Campos
- Áreas de Transição
- Campinarana
- Áreas devastadas

BRASIL – Temperaturas

LEGENDA

Quente (média > 18°C em todos os meses do ano)
- Superúmido sem seca/subseca
- Úmido com 1 a 3 meses secos
- Semiúmido com 4 a 5 meses secos
- Semiárido com 6 a 8 meses secos
- Semiárido com 9 a 11 meses secos

Subquente (média entre 15°C e 18°C em pelo menos um mês)
- Superúmido sem seca/subseca
- Úmido com 1 a 3 meses secos
- Semiúmido com 4 a 5 meses secos

Mesotérmico Brando (média entre 10°C e 15°C)
- Superúmido sem seca/subseca
- Úmido com 1 a 3 meses secos
- Semiúmido com 4 a 5 meses secos

Mesotérmico Mediano (média < 10°C)
- Úmido com 1 a 3 meses secos

24

BRASIL – Chuvas

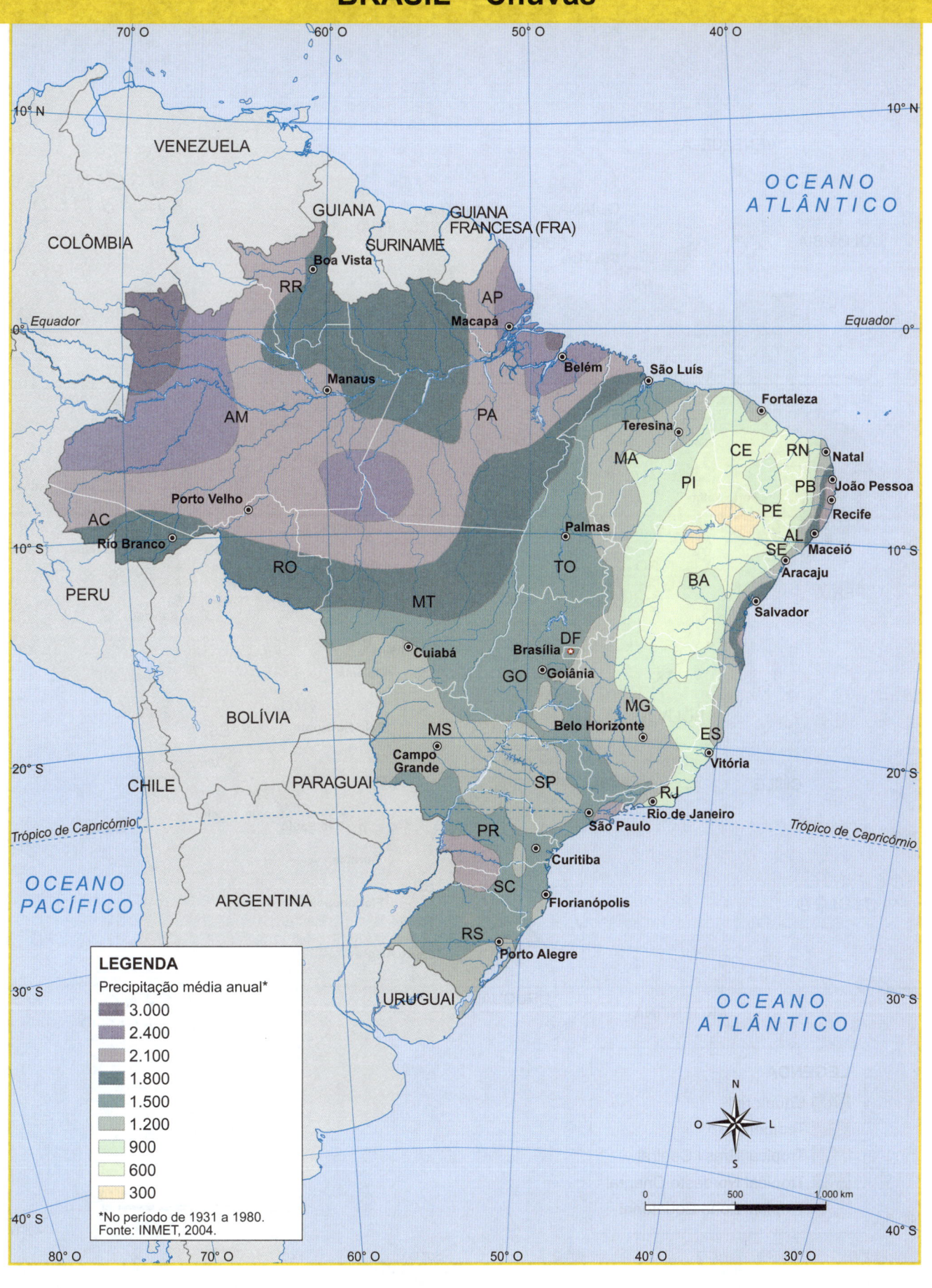

LEGENDA
Precipitação média anual*

- 3.000
- 2.400
- 2.100
- 1.800
- 1.500
- 1.200
- 900
- 600
- 300

*No período de 1931 a 1980.
Fonte: INMET, 2004.

25

BRASIL – Climas

LEGENDA
- Equatorial
- Temperado
- Tropical Brasil Central
- Tropical Nordeste Oriental
- Tropical Zona Equatorial

BRASIL – População

LEGENDA
Habitantes por km²
- Menos de 1
- De 1 a 10
- De 10 a 25
- De 25 a 100
- Acima de 100

BRASIL – REGIÃO NORTE – Político

BRASIL – REGIÃO NORDESTE – Político

BRASIL – REGIÃO SUDESTE – Político

LEGENDA
- ⊙ Capitais
- • Sedes municipais
- Limite estadual
- Limite internacional
- ～ Rios
- Projeção Policônica

Escala: 0 – 160 – 320 km

BRASIL – REGIÃO CENTRO-OESTE – Político

BRASIL – REGIÃO SUL – Político